科學實驗安全守則

•隨時都要小心「高溫」或「尖銳的物品」。

•任何東西都不能放進嘴巴裡。

•如果做實驗的過程中，有你「不熟悉的操作」，
請找大人幫忙。

科學酷女孩的小實驗

想知道伊莉在書中的小實驗是
怎麼做出來的呢？

掃描看看下面的QRcode，
你可以看到詳細的實驗影片，
並且了解這些實驗背後的科學知識！

• **幫伊莉準備昆蟲捕捉器，一起來抓捕小巨怪。**

• **幫亨寶製作搔癢機，讓《白雪公主》的故事繼續進行。**

小樹文化
Little Trees

救救童話 ④
科學酷女孩 伊莉

沒吃到毒蘋果，
白雪公主差點換人演？

IZZY the INVENTOR

查娜‧戴維森 Zanna Davidson ——— 著

艾麗莎‧艾維克 Elissa Elwick ——— 繪

小樹文化編輯部——譯

目錄

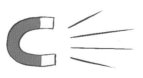

科學酷女孩伊莉

她想要成為……

歷史上最偉大的

發明家

伊莉只相信科學，不相信魔法。但是有一天，出現了意想不到的情況——仙子出現在她的房間，並且說……

我叫做
「玫瑰閃亮腳仙子」，
是妳的仙子教母。

仙子送給伊莉一匹**獨**

角獸（伊莉根本沒有

說她想要獨角獸）……

又把她送到**童話國度**去執行任務

（伊莉原本不相信世界上有童話國度）。

伊莉的生活，

從此變得不一樣了……

CHAPTER 1
<u>巨怪</u>逃走了！

伊莉犯了一個錯，一個小小的錯。當她到童話國度，拯救最要好的獨角獸朋友亨寶，避²免他被龐大的巨怪壓扁時……

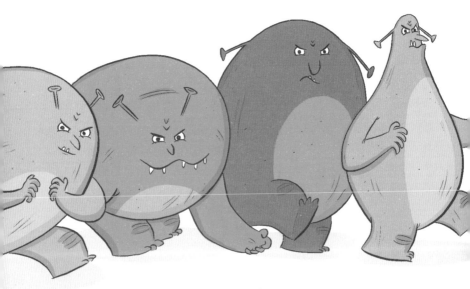

伊莉把**巨怪**縮小……

拯救了**亨寶**。

太棒了！

但是，她不小心把巨怪帶回了現實世界。當天晚上，巨怪全都……

逃走了！

伊莉在自己的房間內，這時候兩位仙子——玫瑰閃亮腳和布蘭達——正在斥ㄔㄜ責ㄗㄜ她。

巨怪必須回到童話國度。

沒有巨怪，童話國度都變得一團亂了。

布蘭達以前是壞仙子，但是她現在試著當個好仙子。不過，看著布蘭達可怕的表情，伊莉不確定她是不是真的變成好仙子了。

「亨寶也來了，他會幫你。」玫瑰閃亮腳仙子說，「你們必須同心協力找到巨怪，並且帶他們回童話國度。」

「我很抱歉，」伊莉說，「但是我不懂……沒有巨怪，不是比較好嗎？」

不，伊莉，妳錯了！這樣會打破童話國度脆弱的平衡。

以前，巨怪可以控制**野狼**跟**熊**……

但是現在，野狼、熊都在追趕**巫師**跟**女巫**。

結果巫師跟女巫，
沒辦法好好盯著
哥布林……

還我們
魔法棒！

所以哥布林都
在欺負**仙子**。

沒有仙子，**童話
故事**就沒辦法進
行下去。

仙子教母
在哪裡？

「喔，我懂了！」伊莉說，然後迅速畫了一張圖，
「就像頂級掠食者從食物鏈裡消失了！」

討厭，仙子怎麼
可以在最底層。

童話國度的能力食物鏈

五級

四級

三級

二級

一級

巨怪在
最頂層

仙子在最底層

16

「沒時間閒聊了，」還是很可怕的仙子布蘭達說，「快去找巨怪，否則……」

「否則會發生什麼事？」伊莉問。

「否則，妳永遠不能回到童話國度！」仙子布蘭達嚴厲的說，「你也一樣，亨寶！」

布蘭達，妳看起來還是很像壞仙子。

我已經在努力了，改變需要時間。

「問題是，」伊莉說，「市政府今天有**科學競賽**。我很想參加，但還沒測試我的發明。」

我需要時間測試！

仙子布蘭達聳ㄥˇ聳ㄥˇ肩說：「不關我們的事。」接著，她拿出一個小小的銀鈴鐺。

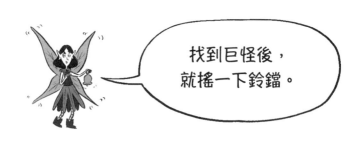

找到巨怪後，就搖一下鈴鐺。

CHAPTER 2
獨角獸亨寶的偽裝

伊莉抱抱亨寶，然後給了他一塊餅乾。

「別擔心，」伊莉說，「我們會找回巨怪！」

消失巨怪檔案

我們知道的巨怪特徵：

- 他們會發出很大的咕ㄍㄨ噥ㄋㄨㄥ聲。

- 他們是石頭變成的。

- 在童話國度，他們是可怕和凶惡的代名詞。

- 他們喜歡橫衝直撞。

- 他們現在大概5公分高（我們最後一次到童話國度時，用水球把他們縮小了）。

- 總共有9隻小巨怪。

要去哪裡找小巨怪？

- 最後一次看到小巨怪，是昨天晚上9點整，他們正越過屋頂。

- 接著，小巨怪消失在公園裡。

抓捕小巨怪的人員有：

- 發明家伊莉。

- 神奇的獨角獸亨寶。

- 巨怪消失時，貝拉（我的妹妹）也在場。可惜她必須去上武術課，所以沒辦法幫忙。

「第一站，公園！那裡沒有很遠。」伊莉繼續說，

並且讓亨寶看了看地圖。

「但是，我們要怎麼抓到小巨怪？」亨寶問。

「別擔心，」伊莉說，「我發明了一些捕捉和誘捕工具！那些發明本來是用來抓昆蟲的，但應該也可以用來抓小巨怪……」

搜尋小巨怪的望遠鏡！

友善捕蟲器，可以用來抓他們……

24

集聲器，讓我們可以聽見巨怪的聲音……

喔！捕蟲網！

最後，吸蟲管，可以吸住小巨怪。

「我有一個魔法小袋子可以裝小巨怪，」亨寶說，「還有，如果很快就抓到小巨怪，妳就可以去參加科學競賽了。而且我可以幫妳！嗯，妳的發明是什麼？」

「是『搔癢機』，」伊莉說，「但是，我只畫好了設計圖⋯⋯」

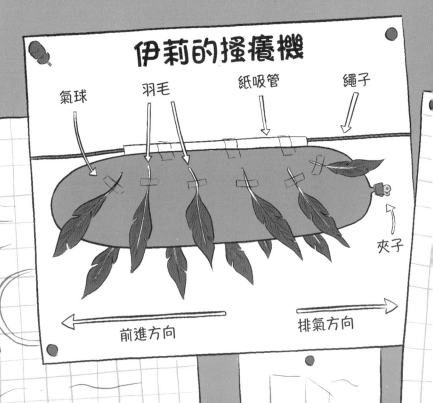

伊莉的搔癢機

氣球　　羽毛　　紙吸管　　繩子

夾子

前進方向　　排氣方向

「因為我很怕癢，才有了這個靈感，」伊莉說，
「但是我不確定能不能成功。」

當氣球裡的空氣排出，搔癢機就會沿著細繩往反方向前進。

但是，如果卡住了怎麼辦？如果氣球裡的空氣太快排光怎麼辦？

「嗯……」亨寶說，似乎正認真聽伊莉說話，但
是，他滿腦子都是蛋糕。

「算了，」伊莉笑了起來，「我會讓它順利運作。」
接著她開始打包科學背包。

我要帶**科學筆記**

童話國度地圖

（以防萬一……）

捕捉工具

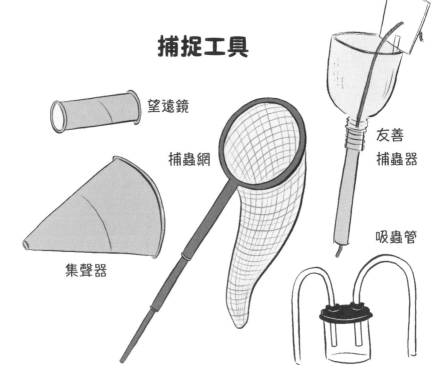

望遠鏡

捕蟲網

友善
捕蟲器

集聲器

吸蟲管

其他有用的東西：

 金屬線

 磁鐵

 膠帶

 螺絲起子

 指南針

 剪刀

放大鏡

還有製作「搔癢機」
的所有材料！

希望有機會
可以發明它。

當伊莉打包時，亨寶說：「對不起，我幫不上什
麼忙，對不對？我不像妳，根本不懂科學。」

才不是呢，
每個人都可以成為
科學家！

「真的嗎？我也可以成為科學家？」亨寶問。

「當然，」伊莉說，「我相信你做得到！」

「既然這樣，」亨寶說，「我也來想個新發明。

也許可以發明跟餅乾有關的東西⋯⋯」

30

不過，先去公園！
我們要去冒險了，
好興奮喔！

我從來沒有
去過公園。

但是伊莉說：「我不確定你可不可以跟我一起去

公園……」

「為什麼？」亨寶問。

「雖然我相信你的存在，但是其他人都⋯⋯不相信。在這個世界，最像**獨角獸**的生物是馬。」

「好吧，既然如此，」亨寶說，「我就假扮成馬去公園！」

伊莉嘆了口氣，接著搖搖頭說：「除非隱形，不然你不能去公園。」

「哇！你真的隱形了！」伊莉說，「小巨怪抓捕任務，開始！」

CHAPTER 3
巨怪的<u>鋼鐵牙</u>

一個半小時後，爸爸帶著伊莉去公園（爸爸不知道亨寶也在旁邊）。

一切都很順利，直到亨寶在人行道上絆了一下，
並且罵了一句：

亨寶的聲音很大，

　　　　隱形斗篷也滑落了。

爸爸看起來有點疑-惑，不
過伊莉馬上跳來跳去，假
裝自己踢到腳趾頭來分散
他的注意力。

終於抵達公園，爸爸開始看書，伊莉和亨寶可以尋找小巨怪了。

「我來搖一搖灌木叢,當小巨怪跑出來的時候,
妳就可以抓住他們!」亨寶悄悄說。
「好主意!」伊莉說。

可惜，小巨怪跑得太快了……

但是巨怪非常狡ㄐㄧㄠˇ猾ㄏㄨㄚˊ。

「巨怪都逃回灌木叢裡了，」伊莉嘆了口氣，「如果永遠抓不到小巨怪怎麼辦？」她低頭看了看捕蟲網上的破洞，「還有，他們到底是怎麼弄破的？」

「糟糕，」亨寶說，「忘記提醒妳，巨怪的牙齒是……

鋼鐵牙。」

伊莉的眼睛亮起來。

太棒了！

是嗎？

「鐵有磁性，」伊莉解釋，

「可以被磁ㄘ鐵ㄊㄝ吸住！

所以我們現在要做**磁鐵捕捉器**！」

伊莉翻了翻科學筆記。

找到了！

製作磁鐵捕捉器

(作者：發明家伊莉)

需要的材料：

・一根長長的樹枝

・膠帶

・一大塊磁鐵

製作方法：

❶ 用膠帶，將磁鐵捆在樹枝的末端。

❷ 抓好你的磁鐵捕捉器，並且靠近你想要吸引的東西 (這些東西需要具有磁性，像是鐵或是鋼)。

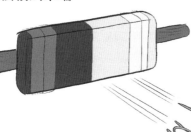

❸ 如果東西沒有太重，不需要碰觸，只要讓磁鐵捕捉器靠近，就能吸引這些東西。

就算隔著水，也能使用……

就算隔著堅硬的物體 (像是紙箱)，也能使用磁鐵捕捉器。

❹ 你可以用磁鐵捕捉器，看看下面哪些東西
　具有磁性、可以被吸引。

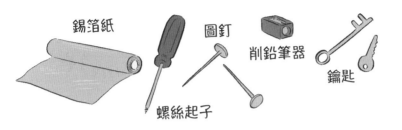

錫箔紙
螺絲起子
圖釘
削鉛筆器
鑰匙

磁鐵為什麼可以吸引金屬：

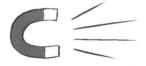

磁鐵是一種金屬，可以吸引其他金屬，像是鐵或是鋼，因
為磁鐵周圍有我們看不見的力量，也就是「磁力」。這個
看不見的力量涵蓋的範圍，就叫「磁場」。只要在磁場範
圍內，就算沒有人碰觸，具有磁性的物品還是會被吸引、
朝磁鐵的方向移動。

科學
小知識

鐵、鋼這類金屬的磁性較大，但是
不是所有金屬都會被磁鐵吸引，像
是磁鐵沒辦法吸引錫箔紙，因為錫
箔紙是鋁做的。

「磁鐵捕捉器完成！」伊莉說，「亨寶，請把用來裝巨怪的魔法小袋子給我，謝謝。」接著，她把捕捉器插入灌木叢中……

1隻巨怪……2隻巨怪……

3隻……4隻……5隻……

6隻……7隻……8隻……

「我來搖一搖**銀鈴鐺**，」亨寶說，並且從袋子裡掏出鈴鐺。

噹！ 噹！

突然，眼前出現了閃亮亮的粉紅色雲霧。

只要穿越這團雲霧，我們就能到童話國度。

可是，如果爸爸發現我不見了怎麼辦？

「不會很久，」亨寶說，「而且妳不是常常說，從**童話國度**回來，時間幾乎沒有走動。」

伊莉看著爸爸，他正沉浸在書裡面。

「伊莉，拜託。」亨寶懇求著。

「好吧，」伊莉說，並且抓緊不斷動來動去的巨怪袋子，「我要去童話國度！」

伊莉想爬到亨寶背上……

但失敗了。

喔……可惡的醜巫師！

要爬上
隱形的獨角獸背上
太難了。

伊莉又試了一次……

　　終於成功了！

　　接著他們小跑穿越閃亮亮的雲霧，

　　　　進到童話國度。

CHAPTER 4
亂七八糟的童話國度

「呼──」亨寶脫掉隱形斗篷,說,「穿斗篷超級熱。」

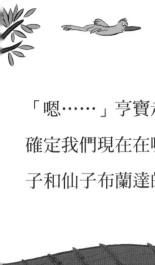

「嗯……」亨寶走來走去，到處看了看，「我不確定我們現在在哪裡，而且也沒有玫瑰閃亮腳仙子和仙子布蘭達的消息。」

我來看一下童話國度地圖。

睡美人的
城堡

冰凍荒地
（壞心冬妖精的家）

濃密的荊棘森林

更多
童話森林

永遠夏季草原

侏儒怪的家

童話國度農場

白雪公主的小木屋

「我想，那邊應該是農場，」伊莉指著左邊說，「也許我們在**童話國度農場**旁邊。」

「我說……快趴下！」亨寶大喊，「有一大群仙子朝我們飛過來，速度非常快，不能被他們撞到。」

亨寶和伊莉一躲到附近的灌木叢裡，就有大約一百多隻仙子用超過100公里的時速飛過。

發生了什麼事？

我也不知道。

接著，一大群哥布林緊跟在仙子後面，不斷朝仙子丟**泥土餡_{ㄒㄧㄢ}餅**。

而哥布林後面，則是一群愁眉苦臉的女巫與巫師。

接著……就沒有其他人了。

「現在出去，應該是安全的吧？」伊莉說。

嗚─嗚─

「嗯……應該還不能出去……」

還好亨寶及時開口……

砰砰聲愈來愈多。

「糟了！還有什麼東西啊？」亨寶說，並遮住了自己的雙眼，「三頭巨人嗎？」

「沒事啦！」伊莉說，「是**押韻兔**！」

但是他們看起來不太高興！

「難怪玫瑰閃亮腳仙子和仙子布蘭達沒有來找我們，」亨寶說，「就像玫瑰閃亮腳仙子所說的，全都一團亂。」

「好吧，不能在這裡浪費時間了，」伊莉說，「必須找個地方避難，然後想想該怎麼做！」她又看了一次童話國度地圖，說：「那間小屋看起來滿安全的……」

接著，押韻兔飛走了。

這時候，咆哮聲愈來愈多，也愈來愈近。

比起童話國度的其他地方，**白雪公主**的小屋似乎非常寧_{ㄋㄧㄥ}靜。

「我想，妳應該早就知道我的所有事蹟_{ㄐㄧ}了吧，」白雪公主說，「我是全世界最美麗的人。」

「抱歉，」伊莉說，「我不確定我讀過妳的童話故事……」

白雪公主似乎被嚇到了。「但是，我是最有名的
童話公主。我有所有美好特質⋯⋯」

「真棒，」伊莉說，「但我們趕時間。童話國度現在一團亂，我們必須找到玫瑰閃亮腳仙子跟仙子布蘭達，妳知道她們在哪裡嗎？」

等待仙子的時候，要不要喝杯茶呢？

好啊，麻煩妳了。我可以在外面等嗎？

當然可以。來吧，披上我的斗篷，這樣妳會暖一點。

謝謝妳！妳真善良。

當然！

我跟她一起去確認一下蛋糕。

伊莉坐在一旁的樹樁ㄔㄨㄥ上。她想靜下來，
好好思考一下搔癢機的運作過程。但是
這時候，一旁傳來了沙啞ㄧㄚ的聲音。

伊莉拿起蘋果，接著往嘴巴送。

就在這個時候，亨寶端著蛋糕，從小屋裡走出來。

但是太遲了，伊莉咬了一口蘋果……

伊莉倒下來。

CHAPTER 5
每個人都是
科學家

對亨寶來說，一切都發生得太快了。

壞皇后丟掉身上的偽裝，嘎嘎怪笑的逃走了。

接著，七個小矮人回來了。

「白雪公主很好！」亨寶說，「但是請幫幫我的
朋友，她中ㄓㄨㄥ了詛咒！」

她吃了壞皇后
給的毒蘋果。

七個小矮人看了一眼伊莉，接著把她放進玻璃棺ㄍㄨㄢ
材裡。

「你們在做什麼？」亨寶大喊，「我們必須找方法破解詛咒。」

「在**王子**來之前，
任何人都**不准碰她**！」

濃鬍子小矮人說。

你應該知道，
這是童話故事的
標準流程。

真是太糟糕了，
我不能把伊莉
留在棺材裡。

「亨寶，你明明知道童話國度的規則。」紅帽子

小矮人說，「不可以擾亂童話故事。」

亨寶也明白這件事。以前，擾亂童話故事就造成
了一些問題……

王子逐漸**消失**……

仙子**變壞**……

還有令人頭痛的小巨怪

（這件事也讓童話國度變得一團亂）。

白雪公主氣得要命。「伊莉偷走了我的故事！」她不斷尖叫、踩<ruby>踆<rt>ㄘㄨㄣˋ</rt></ruby>腳。

小矮人必須把我放進玻璃棺材裡……

我才是吃下毒蘋果的人。

「但是伊莉不是童話國度的居民，」亨寶說，「她還要去參加科學競賽。」

這時，玫瑰閃亮腳仙子與仙子布蘭達出現在亨寶的眼前，於是他鬆了一口氣。

哈囉，大家好！

「喔，親愛的。」玫瑰閃亮腳仙子看著棺材裡的
伊莉，並且說……

「恐怕伊莉只能等王子到來了。」
「但是那可能需要好長好長的時間。」亨寶說。

而且，伊莉應該
不想嫁給王子。

她的夢想是成為世界上最偉大的發明家。

「她應該好好閱讀《童話故事》，」仙子布蘭達說，「這樣，她就知道不能隨便吃陌生人給的漂亮紅蘋果。」

不公平！

「我很樂意留下來幫忙，」玫瑰閃亮腳仙子說，「但是，我們必須先處理那些巨怪。他們這麼小，對童話國度來說沒什麼用處。」

「我們必須想辦法把他們變回正常大小，才能讓童話國度恢復秩序。」仙子布蘭達補充。

「喔，親愛的，真糟糕。」長鼻子小矮人說。

「亨寶，你可以用角施展**魔法**嗎？」白雪公主問。

不行，我只會噴亮粉跟彩虹。

「沒有其他方法可以喚醒伊莉嗎？」亨寶說，「我們該怎麼辦？伊莉是我最好的朋友。」

「只能自己想辦法解決了，」亨寶說，「我想想

看……如果是伊莉，她會怎麼做？」

亨寶想了好久好久……

我怎麼知道
伊莉會怎麼做？
我又不是伊莉，
這太難了。

喔，我連一塊
蛋糕都還沒吃。

亨寶，不要再想
蛋糕了，你必須
拯救你的朋友。

我想，那應該
是巧克力蛋糕
吧，希望它溼潤
又好吃。

「科學可以解決問題！」

亨寶滿嘴蛋糕的宣布。

「但是，我們又不懂科學……」膝骨凸小矮人遲疑的說。

「我想也是，」白雪公主嚴厲的說，「你不懂科學，我當然也不懂。」

「事實上，」亨寶說，

「每個人都可以**運用科學**，

不論是公主還是小矮人。」

說完之後，亨寶深深吸了一口氣，

接著翻開伊莉的**科學筆記**。

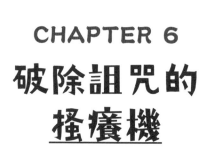

CHAPTER 6
破除詛咒的
<u>搔癢機</u>

「我知道該怎麼破除詛咒了，」亨寶驕傲的說，

「而且不需要碰到伊莉。」

「怎麼做？」白雪公主問。

「我們要做一台**搔癢機**！」亨寶回答。

「但是，我連怎麼做都不知道。」白雪公主說。

「沒關係，」亨寶說，「我們有伊莉的製作說
明……」

搔癢機

(作者：發明家伊莉)

需要的材料：

- 1條繩子
- 1根吸管
- 膠帶
- 1顆氣球

- 1個長尾夾
- 一些羽毛
- 剪刀
- 2位小幫手

1 剪下大約3公尺長的繩子，並且將繩子從吸管中間穿過。

找1位小幫手，幫你拉住繩子的末端

(假如沒有人可以幫忙，可以將繩子一端綁在椅子上)。

2 吹氣球，讓裡面充滿空氣，接著用長尾夾夾住氣球的吹嘴。

3 將步驟2的氣球，黏在吸管上，就像下方的圖片這樣。

❹ 將羽毛黏在氣球
　底部，就像右邊
　的圖示。

❺ 拉緊繩子、將氣球推到
　繩子一端，讓氣球的吹
　嘴朝向你。

❻ 請1位小幫手站或
　坐在繩子下方。

❼ 取下吹嘴上的長尾夾。
　當氣球內的空氣排出時，就會推動氣球沿著繩
　子前進；氣球上的羽毛會搔癢沿途經過的人。

「為了讓搔癢機順利運作，我需要兩位小矮
人分別站在玻璃棺材的兩端。」亨寶說。

長鼻子小矮人與濃鬍子小矮人迅速站定位置。

「我來咬斷繩子，」
亨寶說，「白雪公
主，可以請妳將繩子
穿過吸管嗎？」

「我嗎？」白雪公主問，「我可以拒絕嗎？」
「我想，我的蹄沒辦法做這麼精細的動作。」
亨寶吸了吸鼻子。

我假裝
是在縫紉好了。

100

東西都準備好了，大家都在棺材旁邊等待。

「希望能順利運作。」亨寶說。

「開始了……」白雪公主說，

並且將長尾夾取下。

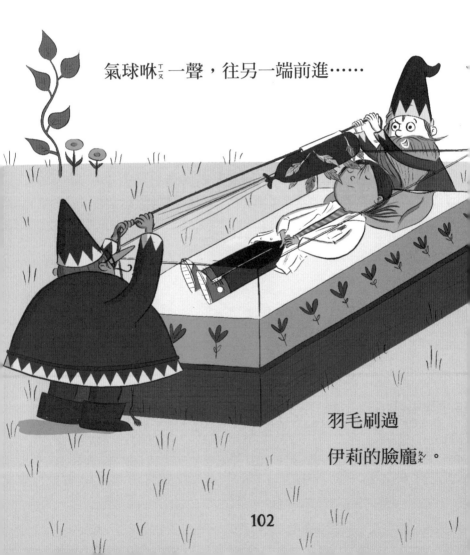

氣球咻（ㄒㄧㄡ）一聲，往另一端前進……

羽毛刷過

伊莉的臉龐（ㄆㄤ）。

伊莉打了一個

噴ㄆㄣ嚏ㄊㄧ……

又打了一個噴嚏……

接著坐起來並笑了。

我們破除
詛咒了！

科學萬歲！

103

「發生什麼事了？」伊莉問，
她看起來非常困惑。

大家還來不及解釋，
就聽見遠處傳來馬蹄聲。

「快啊，伊莉！快出來！」白雪公主大喊，不斷揮手要伊莉離開棺材。

伊莉爬出玻璃棺材，接著白雪公主跳進去、躺下、閉上雙眼……並且微笑。

動作真快！

一陣子之後，王子瀟ㄒㄧㄠ灑ㄙㄚˇ的騎著馬來。

就連亨寶也忍不住哭了。

嗚嗚嗚！
嗚嗚嗚！

到底發生了
什麼事？

噓——不要
破壞氣氛。

107

王子低頭凝視白雪公主。

在伊莉說出其他話之前，

白雪公主迅速張開眼睛。

「我的王子！」她呼喊著，「你的愛拯救了我。
讓我們騎著馬離開，並且從此過著幸福快樂的日
子吧！」

王子將白雪公主抱上馬。接著，白雪公主對伊莉
眨眨眼，並且悄悄的說……

謝謝妳，
還有妳偉大的
科學筆記。

「裡面寫了好多好棒的想法。」白雪公主繼續
說，「我會帶走科學筆記，希望妳不介意。我
想這本科學筆記應該很有用。」

「妳不能拿走我的科學筆記！」伊莉大喊。

但是，太遲了。白雪公主與王子已經騎著馬、飛奔離去。

「喔，太幸運了，」玫瑰閃亮腳仙子飛了過來，並且說，「你們成功喚醒伊莉了，大家做得好。」

我們也有好消息……

「巨怪都恢復原本的大小，」仙子布蘭達說，「繼續在童話國度裡橫衝直撞了。」

「所以，妳可以回家了，伊莉，」玫瑰閃亮腳仙子說，「還可以去參加科學競賽。」

「我沒有時間測試，而且更糟的是，

白雪公主拿走了我的科學筆記！」伊莉哀號著。

你吃了毒蘋果，然後陷入了深深的沉睡詛咒。

但是白雪公主、小矮人跟我，一起製造了搔癢機。

妳發明的搔癢機破解了詛咒。

現在，我也是科學家了！

「亨寶，謝謝你，你是我最好的朋友。」伊莉說。

「還有更好的，」亨寶披上隱形斗篷，並且說，

「我可以跟妳一起參加科學競賽，

告訴妳該怎麼製作搔癢機！」

伊莉終於在截止前完成她的發明、趕上了科學競賽，而且搔癢機運作得非常順利。

冠軍是，伊莉，還有她製作的驚人搔癢機！

不過對伊莉來說，最棒的是她知道亨寶也在現場、坐在觀眾席裡為她歡呼——雖然沒有人看得見他。

結束後，伊莉緊緊的抱著亨寶，並且說：「謝謝你幫我。」

「沒有妳，」亨寶說，「我也不知道原來

**每個人都能運用科學，
就連獨角獸也可以。」**

「你是最特別的獨角獸，」伊莉微笑。

接著，亨寶不斷搖晃銀鈴鐺，直到閃亮亮的

雲霧出現。

再見，伊莉。
下次見！

那天晚上，上床睡覺前，伊莉決定檢查一下她的
《童話故事》。她很好奇，不知道白雪公主後來
怎麼了……

白雪公主

抵達城堡後，白雪公主便坐下來翻閱科學筆記，這也改變了白雪公主的人生。

「科學實在太驚人了！」白雪公主說。
她把科學筆記交給王子，王子也對此非常熱中。於是，他們將城堡左翼改建成一間巨大的實驗室。

很快的，白雪公主就非常擅長實驗與發明，壞皇后再也不敢靠近她。

七個小矮人也搬到白雪公主的城堡，並且擔任她的實驗助手。他們也決定：「我們需要新的名字，從現在開始，我們改叫『氫小矮人』、『鋰小矮人』、『鈉小矮人』、『鉀小矮人』、『銣小矮人』、『銫小矮人』、『鍅小矮人』。」

他們也常常去拜訪童話國度最知名的科學家，也就是發明「自動餅乾機」的獨角獸亨寶。

（完結）

這是最棒的童話故事結局！

製作吸蟲管

需要的材料：

- 附蓋子的玻璃果醬罐
- 鐵釘
- 鐵鎚
- 強力膠帶
- 剪刀
- 2根可彎吸管
- 一小塊細布
  (可以從舊褲襪剪下)

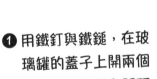

❶ 用鐵釘與鐵鎚，在玻璃罐的蓋子上開兩個小洞。兩個洞之間距離約1.5～2.5公分寬。

❷ 將蓋子翻轉過來，並且用鐵鎚敲打洞口，讓洞口平整。

*如果沒有玻璃果醬罐，可以使用附蓋子的塑膠盒取代。用圓規或是剪刀尖端，先在塑膠蓋子上戳兩個小洞，接著將鉛筆插入洞內，讓洞口變大。若是使用塑膠盒，不一定要在蓋子上開洞，也可以選在塑膠盒的側邊。

（科學筆記現在在白雪公主手上……）

❸ 修剪吸管長度。吸管的底端大約在果醬罐的一半位置（請參考下方圖示）。

❹ 將2根吸管分別插入蓋子上的2個小洞，並且用膠帶或是萬用黏土固定。

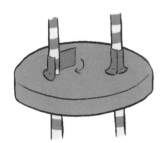

❺ 將細布（或是舊褲襪）包住其中一根吸管的底部，再用膠帶牢牢的固定住。用奇異筆在吸管上做記號，之後會用這根吸管吸出罐子裡的空氣。

細布（或是舊褲襪）

❻ 蓋上果醬罐的蓋子，就可以用來捕捉昆蟲了。使用時，請將沒有做記號的那根吸管，靠近想要捕捉的昆蟲；接著用做了記號的那根吸管吸出罐子裡的空氣。

只能朝做了記號的那根吸管吸氣，這樣一來，細布就會擋住昆蟲，不會被你吸進嘴巴裡。

吸蟲管只能用來捕捉比吸管口還要小的昆蟲，而且不能用來捕捉危險的昆蟲，像是蜜蜂或是胡蜂。

製作友善捕蟲器

(需要請大人幫一點點忙)

需要的材料：

- 1.25公升的寶特瓶（瓶身必須是直的）
- 一張硬、薄紙卡
- 細繩

- 美工刀

- 1個墊圈
- 1個螺絲釘
- 1個直徑約2.5公分寬的長圓紙筒（或是用舊包裝紙捲成紙筒）
- 強力膠帶
- 一小張約10 x 8公分的紙片

① 在寶特瓶中間畫一條線，接著請大人幫忙用美工刀，沿著這條線切割。

② 抓住大開口，並且往內側壓，讓瓶身出現壓痕。接著重複同樣的動作，讓瓶身出現四個壓痕，開口會呈現四方形。

③ 沿著四個壓痕往瓶口方向按壓約4公分，讓寶特瓶側邊有明顯的四方形形狀。

4公分

④ 製作捕蟲器蓋子：裁切紙板，紙板單邊貼齊四方形開口一側，其餘三邊各超出寶特瓶1公分（請參考步驟 **⑤** 圖示），接著用剪刀在紙板中心戳一個小洞。

❺ 將紙板黏貼在四方形開口
的其中一邊。

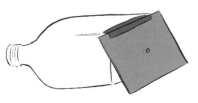

❻ 用膠帶，將長圓紙筒連接
到寶特瓶瓶口。

❼ 接著將繩子放在約10 x 8公
分的小紙片上，並且將小紙
片捲成圓錐狀、緊緊裹住繩
子，最後在繩子一端綁上螺
絲釘。

❽ 將繩子一端（沒有綁螺絲
釘）穿過紙板中間的
洞，並且打一個結固
定。

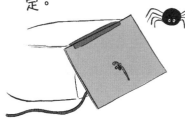

❾ 將繩子另一端（有綁螺絲釘的那端），穿過
寶特瓶內以及連接瓶口的長圓紙筒（步驟
❻），如此一來，繩子就能從紙筒另一
邊穿出。將步驟 **❼** 所製作的圓錐狀
小紙片留在寶特瓶內（也就是瓶口
與長圓紙筒的連接處），這樣一
來，圓錐狀的小紙片就能
阻擋昆蟲，不讓牠沿
著紙筒逃出。

只能用來
抓比長圓紙筒的
直徑還要大一點
的昆蟲。

最後，將繩子
上的螺絲釘換
成墊圈。

為什麼搔癢機可以動起來？

想要知道為什麼搔癢機可以動起來，
就必須了解

力

→ 「力」也就是讓某個物體運作的推力或拉力。沒有力，所有東西都無法動起來！

搔癢機就是運用「推力」。

排出氣體時，會將內部的空氣從氣球吹嘴推出。當空氣被推出後，就會推動氣球沿著繩子往另一個方向移動。

另一個例子就是：穿著溜冰鞋時丟出手上的球！將球丟出的力，會推動球往前運動。但是相反的，會有另一股力將你往相反的方向推動。

這就是知名的科學原理：

「施一作用力時，

必定會同時產生反作用力，

兩力大小相等、
方向相反。」

——艾薩克・牛頓

救救童話 ④
科學酷女孩 伊莉

沒吃到毒蘋果，
白雪公主差點換人演？

作者：查娜・戴維森（Zanna Davidson）
繪者：艾麗莎・艾維克（Elissa Elwick）｜譯者：小樹文化編輯部

出　　版：小樹文化股份有限公司
社長：張瑩瑩｜總編輯：蔡麗真｜副總編輯：謝怡文｜責任編輯：謝怡文
行銷企劃經理：林麗紅｜行銷企劃：李映柔｜校對：林昌榮
封面設計：周家瑤｜內文排版：洪素貞

發　　行：遠足文化事業股份有限公司（讀書共和國出版集團）
　　　　　地址：231新北市新店區民權路108-2號9樓
　　　　　電話：(02) 2218-1417｜傳真：(02) 8667-1065
　　　　　客服專線：0800-221029｜電子信箱：service@bookrep.com.tw
　　　　　郵撥帳號：19504465遠足文化事業股份有限公司
　　　　　團體訂購另有優惠，請洽業務部：(02) 2218-1417分機1124

特別聲明：有關本書中的言論內容，不代表本公司／出版集團之立場與意見，
文責由作者自行承擔。

法律顧問：華洋法律事務所 蘇文生律師　　ISBN 978-626-7304-46-4（平裝）
出版日期：2024年5月2日初版首刷　　　　ISBN 978-626-7304-43-3（EPUB）
　　　　　　　　　　　　　　　　　　　ISBN 978-626-7304-44-0（PDF）

國家圖書館出版品預行編目資料

科學酷女孩伊莉【救救童話❹】：沒吃到
毒蘋果，白雪公主差點換人演？／查娜・
戴維森（Zanna Davidson）著；艾麗莎・艾
維克（Elissa Elwick）繪；小樹文化編輯部
譯 -- 初版 -- 新北市：小樹文化股份有限公
司 出版；遠足文化事業股份有限公司 發行，
2024.05
面；公分 -- （救救童話；4）
譯：Izzy the Inventor and the Teeny-Tiny
Ogres
ISBN 978-626-7304-46-4（平裝）
1. 科學實驗 2. 通俗作品

303.4　　　　　　　　　　　113004141

IZZY THE INVENTOR AND THE TEENY TINY OGRES
First published in 2024 by Usborne Publishing
Limited, 83-85 Saffron Hill, London ECIN
8RT, United Kingdom. usborne.com
Copyright © 2024 Usborne Publishing Limited.
This edition is arrangement through Andrew
Nurnberg Associates International Limited.
Chinese Translation © 2024 by Little Trees Press

小樹文化官網　　小樹文化讀者回函